給孩子的

漢字故事繪本

編著—鄭庭胤　　繪圖—陳亭亭

中華教育

給 孩 子 的 話

　　小朋友，偷偷告訴你一個祕密，遠在上古時期，我們的老祖先便靠着一代傳一代，將一個大祕寶流傳至今。如此珍貴的寶藏，究竟是來自龍宮的金銀珍珠，還是玉皇大帝的仙丹妙藥呢？答案可能要叫你大吃一驚了，那就是我們生活中無所不在的「漢字」。

　　你可能會很不服氣，說：「這才不是寶藏呢！」但是先別急，試着想像一下，要是沒有文字，這世上會發生甚麼事呢？

　　在古時候，史官靠着手上一枝筆紀錄國家發生的大小事，要是文字消失，歷史也就跟着隱沒在時光中；世上如果沒有文字，我們就沒有課本能夠使用，得在老師講課時，一口氣記下所有知識，可真叫人頭昏眼花！幸好，漢字解決了這些麻煩，就算不必發明時光機器或記憶藥水，我們也能知曉天下事、學習前人的智慧，這麼看來啊，就算說漢字比金銀財寶更加珍貴，也不為過呢！

　　說到這裏，你是不是開始對漢字刮目相看了呢？在這本書裏，邀請到好多漢字朋友來聊聊他們的過去與近況，趕快翻開下一頁，漢字們要開始說故事囉！

目　　錄

hēi

黑

稟 → 黑 → 黑

　　灶台是古代的烹飪設施，它的上方連接着煙囪，能將燃燒柴火產生的黑煙排放到室外。在篆文裏，「黑」字的上方畫着煙囪「▥」，底下則是兩個重疊的「火」字「炎」。當熊熊大火猛烈燃燒，濃煙會把煙囪熏成墨一樣的漆黑，因此，人們使用「黑」字來代表這種顏色。

小教室：

　　在東方，大多數人都有黃色的皮膚，因此我們很難想像，世界上有許多地區因為人與人的膚色差異爆發了種種衝突。

　　其實不管是甚麼膚色，所有人都是平等的，我們得用寬闊的心胸去看待這個多元的世界。

huī
灰

灰 → 灰

　　物體燃燒時會散發光芒和熱量，當燃燒結束，沒被火燒掉的固體殘留物則稱為「灰燼」。

　　在篆文裏，「灰」字上方畫一隻手「⺕」，底下則是火焰「火」，用來表示灰燼是火焰燒完後，能夠用手拿起來的殘留物。

小教室：

灰燼具有保溫的作用，可以使火種保存許久不熄滅，等需要用火時，只要撥開灰燼加入燃料，火焰便會重新燃燒起來了。

因此「死灰復燃」代表原本以為平息的事物又重新恢復活躍。

青

⼯ → 青 → 青

　　「青天」是指藍色的天空，「青山」則是濃綠的山林，由此可見，只要顏色介於藍與綠之間，都可以稱作「青色」。

　　「青」上方是個「生」，畫的是草葉「↓」抽出新芽，從泥土「一」中生長出來的模樣，由於剛發芽的草葉色澤翠綠，所以人們把這個字拿來指稱「青」這種顏色；而下方的「井」字「⼯」，則是用來標示「青」字的讀音。

小教室：

　　有一種植物叫做蓼藍，它的葉子呈現嫩綠色，汁液卻可以提煉出更深的青色染料，這便是「青出於藍」的由來。受到師長的諄諄教誨，我們就像站在巨人的肩膀上一樣，能看得更高更遠。

chì

赤

火焰熊熊燃燒着，呈現出明亮的紅色。在甲骨文裏，「赤」字的上半部是個「大」字，底下的「凵」則是火焰燒騰的模樣，上下合起來就有「大火」的意思；當火勢燒得又大又猛烈，發出的光芒就是赤紅色的，所以用這個字來代表「赤色」這種顏色。

小教室：

　　不諳世事的小孩往往比較天真，所以「赤子之心」用來比喻純潔、善良的心靈。

　　小朋友，就算年紀漸漸長大變得懂事，也要保持一顆赤子之心喔！

11

qiē

切

切 → 切

切的本字是「七」。在甲骨文裏，「七」字寫成「十」，代表直線「丨」與橫線「一」互相交叉，從中間分割開來的樣子。

後來「七」字被借去當數字使用，只好在它的旁邊加上一把刀「刀」，另外造出「切」字代表切割的意思，也正好強調出切割物品的方式：當利刃往下一割，物品自然就「一刀兩斷」，被切開來了。

小教室：

　　愉快時眉開眼笑，煩惱時則會愁眉苦臉，人的情緒常常會反映在表情上面，而「咬牙切齒」正是形容人緊咬着牙關，相當氣惱憤怒的模樣。

duō

多

Ø → Ø → Ø → 多

　　古時候物資缺乏，肉食被視為一種珍貴資源，通常只有祭祀等重要時刻才會宰殺牛羊。「多」是數量較大的意思，在甲骨文裏，這個字由上下相疊的兩塊肉「Ⴃ」組成。

　　古代的普通人家很少有機會吃到肉食，分配到一塊已經相當難得，若是數量加倍，想必會感嘆：「真多呀！」，因此，古人便以「多」這個字來表示數量多寡的「多」。

小教室：

　　「少見多怪」是指人的見識淺薄，連看見普遍的事物都感到吃驚。旅行和閱讀都是增廣見聞的方式之一，當視野與經歷變得更加開闊，就不會因為少見多怪而鬧笑話了。

15

出

　　由內移動到外，就稱為「出」。古人最早居住在天然的岩洞中，因此在創造「出」字時，他們最先聯想到的便是走出洞穴的動作。

　　「出」字下方畫着一個凹陷的空間「⋃」，代表着洞穴，上方的「ᵼ」則是人的腳掌。當腳趾頭朝着洞穴的反方向，代表這個人正準備向外跨出腳步，也就是外出的意思。

小教室：

你喜歡推理故事嗎？故事中有着各種懸疑案件，跟着故事主角一起動腦思考，依靠線索抽絲剝繭，當真相「水落石出」的那刻，是不是也令你大呼過癮呢？

qù

去

　　「去」字和「出」字很相似，都有着外出、離開的意思，畫的也是一個人走出洞穴「凵」的模樣，但在甲骨文中，「去」以人形「大」代替了「出」字中的腳掌「凵」符號。

　　另外也有人說，「去」字其實是由「大」和「口」組合而成，本義是開口；當嘴巴張開時，兩片嘴唇自然會上下分離，因此，「去」字也可以解釋成「離去」的意思。

小教室：

　　「去蕪存菁」是指拔掉雜草、留下美麗的花朵，用來比喻將不好的地方去除，只保存好的部分。

　　只有經過去蕪存菁，庭院才能變得整齊美觀，這份功夫不管在文學還是藝術上都是很重要的。

dào

到

至 → 到 → 到

　　「到」字指的是「到達」。它的右邊是個刀字旁「刂」，表現出「到」和「刀」的讀音很相似；左邊的「至」字畫的是箭矢「至」插在地上「一」的模樣，當射出的箭矢飛越空中，最後墜落到地面，就有抵達某個地方的意思。

　　這種一部分表示聲音、一部分表示含意的字，就是我們所說的「形聲字」。

小教室：

「水到渠成」是比喻當時機成熟，事情自然會成功，就像水流沖刷過的泥土地不需要人工挖掘，便會產生天然的水道一樣。

除此之外，你還知道哪些跟自然現象有關的成語呢？

gòng

共

灷 → 芇 → 共

　　拿物品祭神或送禮時，人們通常會小心地使用雙手捧着，不僅能防止物品掉落，同時也顯現出自己的尊重與禮貌。

　　「共」字就是以捧東西的模樣來造的，左右兩手「ㄨㄟ」都伸了出來，掌中捧着某個物品「ㄇ」，打算恭敬地獻給對方；因此在古時候，「共」字不只有恭敬的意思，也可以表示將物品交給某個人。

小教室：

在現代，「共」字最普遍的意思是一起、共同。小朋友，你曾經與同學共同合作，完成小組作業嗎？

每個人的個性不盡相同，所以難免會發生爭執或不愉快，但如果能好好溝通，或許就能發揮團結力量大的效果喔！

yán

言

$$\text{言} \rightarrow \text{言} \rightarrow \text{言} \rightarrow 言$$

　　「言」字的意思是言語。我們喉嚨中有個名為聲帶的構造，它就像小提琴的琴弦，能靠着改變鬆緊或長短，將呼出的氣流變成不一樣的聲音，當這些聲音經過口腔、舌頭的修正，就成了「言語」。

　　人們說話時，舌頭的動作相當明顯，古人觀察到這種現象，所以在甲骨文的「舌」字上方加上一橫「一」，用來指出語言跟舌頭有很密切的關係。

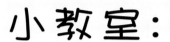

小教室：

　　話一但說出口，就像潑出去的水一樣永遠收不回來，所以在開口說話以前，我們得仔細思考，謹言慎行，以免因為一句玩笑話而傷害了其他人。

lìng

令

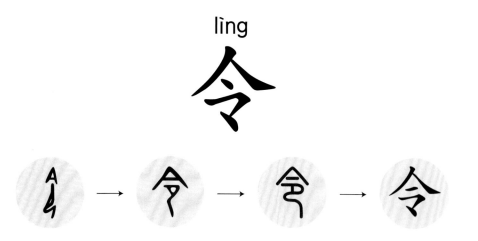

　　「令」字的本義是命令。在甲骨文裏，「令」上方是一張倒過來的嘴巴「A」，代表有個高高在上的人正在開口發號施令，而底下的人形屈膝跪坐着「 」，恭敬地接受了命令；隨着文字演變，底下的人形逐漸彎下腰來，最後簡化成「マ」字形。

　　當某人開始發號施令，就有指使他人去做某件事的意思，所以「令」字也有讓、使的意思。

小教室：

「三申五令」是指反覆告誡、再三提醒的意思。

當師長不斷叮嚀你某件事，通常表示內容相當重要，這時候可得仔細聆聽，別當成耳邊風呢！

ji

及

$\text{(甲骨文)} \rightarrow \text{(金文)} \rightarrow \text{(篆文)} \rightarrow 及$

　　「及」字本來的意思是捕捉、逮捕。在甲骨文裏，可以清楚看見「及」字上方是個人形「人」，身後有隻手「手」牢牢地抓住他，不讓這個人逃跑，表現出逮捕的意思。

　　想捕捉一個人就必須先追上對方，等雙方的距離縮短後，才能伸出手緊緊抓住，因此「及」字又有「到達」的意思。

小教室：

　　酒精會使反應能力下降，影響安全駕駛的能力，酒後駕車不但讓駕駛置身於危險中，還可能「殃及池魚」，把其他路人捲入車禍。

　　記得提醒家人朋友喝酒不開車，開車不喝酒！

sī

思

　　「思」字的意思是思考。人類靠着思考認識自己跟世界，大腦連睡覺時也辛勤工作着，編織出五彩繽紛的夢境。

　　從篆文的字形上，可以看出「思」字是由腦袋「⊠」跟心臟「心」組成，這是因為，古人認為心臟也具備思考及產生感情的功能，所以將這兩個器官放在一起，用來表現腦和心臟互相合作，進行思考的意思。

小教室：

「居安思危」是指處於安全的環境中，卻事先警惕着可能發生的危險。

小朋友，你有沒有參加過學校舉行的防災演習呢？地震、失火等災難一旦來襲，千萬要保持冷靜，按照演習時的步驟好好保護自己。

xiào

孝

孝 → 孝 → 孝 → 孝

　　為了報答父母的養育之恩，子女會保持尊敬之心，並順從父母的指示，這就是「孝」的含意。

　　在金文裏，「孝」字的上方畫着一位老人「老」，他彎腰駝背，手上卻沒有拐杖「ㄩ」（「老」字原本寫作「老」），而是一個小孩「子」攙扶着他，表示出細心照料長輩的孝道。

小教室：

　　對多數東方人來說，孝順父母是種天經地義的美德，因此古代有許多與孝順相關的故事，例如臥冰求鯉、戲綵娛親、扇枕溫席……等。你聽過這些故事嗎？有機會可以去圖書館找找喔！

wán

玩

玨 → 玩

　　「玩」是個形聲字，它的右邊是個「元」，代表「玩」字有一部分的讀音和「元」字有關，左邊的玉字旁則是一條絲線「｜」將三片玉石「三」串起來的模樣。

　　從古至今，玉石都是種受歡迎的寶石，不僅有漂亮的外觀，溫潤的觸感也很適合放在手中撫摸把玩，因此，古人就把玉「王」當作「玩」字的形符，表現出玩弄、把玩的意思。

34

小教室：

早期的玩具多半由手工製作，雖然簡陋，卻也帶給當時的孩子們一段快樂的童年。

你看過竹蜻蜓，玩過踩高蹺嗎？可以請長輩向你介紹古早味的童玩呢！

chī

吃

吃 → 吃

「吃」字的本義是「口吃」，口吃是一種語言障礙，患者在說話時會結結巴巴，無法流暢表達。

在篆文裏，「吃」字的右邊有個「口」字，點出了說話的器官是嘴巴；左邊的「气」除了代表嘴裏呼出的氣流，跟人們口吃時發出的聲音也很相似，當口中氣流摩擦出「 qī 、 qī 」的聲音，就代表說話不順暢，也就是「口吃」的意思。

小教室：

　　感覺緊張時，說話難免會結巴，要是再受到嘲笑，心裏肯定很不好受！

　　這樣設身處地想一想，是不是能了解口吃的人的心情了呢？不管對待任何人，都要抱持同理心。

chuān

穿

宂 → 穿

　　老鼠的頭骨柔軟，足以鑽進狹小空間裏，兩隻長門牙強而有力，能夠啃嚙牆壁。

　　古人肯定看過老鼠穿洞的景象，所以在造「穿」字時，先在外圍畫了洞穴「宀」，中間的「牙」則是老鼠的牙齒。合起來就有鑿孔、穿洞的意思。

小教室：

「穿鑿附會」是比喻強硬湊合，解釋相當牽強。無論是觀看新聞或網路文章，我們都必須要動腦思考、分辨真假，才不會被穿鑿附會的傳聞所欺騙。

39

mǎi

買

　　「買」的意思是購物。在古時候，貝殼可以拿來交換商品，所以「買」字的下方畫着貝殼的形狀「 」，代表購物使用的貨幣；上方的「 」則是一面張開的網子，中間交錯的線條就像網子的絲繩。

　　古人上市場買東西時，會把貝殼貨幣裝入網中方便攜帶，「買」字就是依據這副模樣所造的。

小教室：

　　結帳後記得要向店員索取發票，它是記帳時的好幫手，只要看一眼上面的明細，就知道自己當時買了甚麼、花費多少錢。

zuò

坐

昼 → 壁 → 坐

　　「坐」是一種休息的姿勢。椅凳、床鋪這類有腳的家具發明於漢代，在那之前，人們大部分直接坐在地面或草蓆上，因此在甲骨文裏，「坐」字下方畫了一張草蓆「▱」，上方的「§」則是一個人屈起了膝蓋，跪坐在草蓆上的模樣。

　　演變到篆文時，「坐」畫的是兩個人面對面，跪坐在代表地面的「土」字上。

小教室：

　　小朋友，你知道博愛座的功能嗎？在公車、火車這類的大眾運輸工具上，會替老弱婦孺設置一些優先座位，使他們行車更安全。

　　當車上沒有空位時，我們可以先坐在博愛座上，但若是發現了更需要的人，記得發揮愛心讓出座位喔！

浴

「浴」字意指用水清洗身體，去除身上的髒污，也就是「洗澡」的意思。

「浴」字是一幅很生動的圖像，在甲骨文裏，它的下方畫着又寬又大的澡盆「⊌」，有個人「亻」坐在裏頭清洗身體，身上的小水珠「氵」不斷滴落下來。

小教室：

　　洗澡不但能使我們保持衛生，在古羅馬，洗澡還是一件相當重要的社交活動呢！

　　當時有着氣派的公共大浴場，人們會在裏頭休息、娛樂，甚至商量重要的事情，聽起來是不是很不可思議呢？

zǒu

走

中 → 走 → 走 → 走

　　人類是直立行走的動物，下垂的兩隻手臂會規律擺動，維持走路時的平衡，當快速奔跑時，這種手部動作就更明顯了。

　　在甲骨文裏，「走」字畫的是一個人形，雙手一上一下，跟我們奔跑時大力擺動手臂的動作一模一樣，因此「走」字的本義是跑步。演變到金文時，下方則多出了腳掌的圖案「止」，強調跑步使用的器官是腳。

小教室：

　　小朋友，你有做運動的好習慣嗎？有人說，世界上最好的運動是走路，即使沒有氣喘如牛、汗流浹背，也可以確保身體健康！

給孩子的 漢字故事繪本

編著 —— 鄭庭胤　　繪圖 —— 陳亭亭

出版／中華教育

香港北角英皇道 499 號北角工業大廈 1 樓 B

電話：(852) 2137 2338 傳真：(852) 2713 8202

電子郵件：info@chunghwabook.com.hk

網址：http://www.chunghwabook.com.hk

發行／香港聯合書刊物流有限公司

香港新界大埔汀麗路 36 號 中華商務印刷大廈 3 字樓

電話：(852) 2150 2100 傳真：(852) 2407 3062

電子郵件：info@suplogistics.com.hk

印刷／海竹印刷廠

高雄市三民區遼寧二街 283 號

版次／2018 年 12 月初版

規格／16 開（260mm x 190mm）

ISBN／978-988-8571-54-3

責任編輯：練嘉茹　馬楚燕

封面設計：小草